請貼在第 6 - 7 頁

請貼在第 9 頁

請貼在第 10 頁

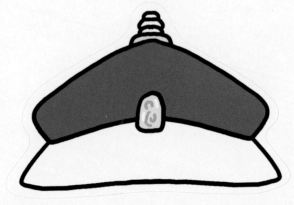

請貼在第 13 頁

請貼在第 14 - 15 頁

請貼在第 18 頁

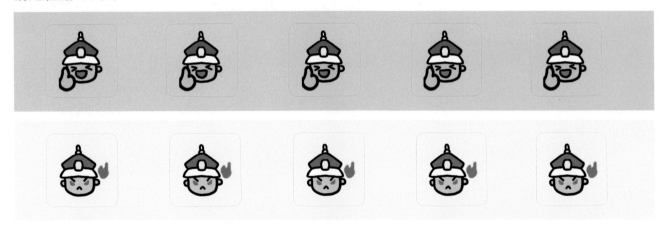

請貼在第 22 - 23 頁

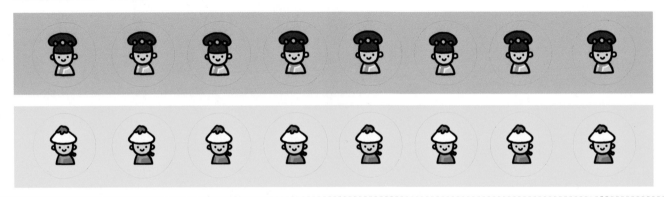

請貼在第 27 頁

貓小兵故宮樂遊團

知識遊戲書

認識宮廷人物

新雅編輯室　編　　李成宇　圖

新雅文化事業有限公司
www.sunya.com.hk

目錄

活動圖示：

 貼貼紙　 動手寫

小團友，你好！歡迎參加故宮樂遊團，我是你的導賞員**貓小兵**。故宮是中國古代皇帝和他家人（還有我）的家。你想認識皇帝、皇后、皇子、公主等宮廷人物，了解他們的生活和職責嗎？那麼快開始行程吧！

貓小兵小檔案

身分：　故宮小兵，更熱衷擔任導賞員

特長：　由出生起就住在故宮，對故宮的一事一物瞭如指掌，上至宮廷人物，下至建築、珍品，樣樣精通

性格：　親切友善，特別黏人，尤其喜歡和小朋友玩耍

皇帝知多少

皇帝你是誰？

皇帝是中國古代皇朝的君主，掌管整個國家，統治所有人民。在古代，要數一個朝代的最高領導人，就是皇帝了。

怎樣成為皇帝？

要成為皇帝，通常有兩個方法：打敗前朝的皇帝，或者繼承皇位。

舉中國著名的朝代——明朝為例，朱元璋打敗了元朝皇帝，創立新的皇朝，然後他的兒子、孫子、曾孫子……就一直繼承皇位，直至被清朝推翻。

皇帝住在哪裏？

皇帝當然住在自己的家，他的家很大、很美，是一座宏偉的宮殿！
我們現時身處的故宮，曾經是明朝和清朝 24 位皇帝生活和工作的地方。
它又稱紫禁城，整體呈長方形，建於 1420 年，距今超過 600 年歷史。

皇帝早午晚

皇帝生活忙碌，每天要應付各式各樣的事情。小團友，來看看皇帝的一天是怎樣度過的，並請根據下面的內容，在🕰內貼上相應的時間貼紙。

1. 每天清晨五時，皇帝起牀，隨即向母后請安，然後讀書學習。

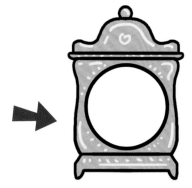

2. 早上七時，是皇帝吃早餐的時間。皇帝用膳前，每道飯菜都會由專人試吃，確保沒有問題，皇帝才會享用。

在中國古代，人們表達時間時，不是用 24 小時，而是用 12 時辰。簡單來說，現代的兩個小時相等於古代的一個時辰。

6. 晚上九時，皇帝幹活了一整天，準備就寢睡覺。

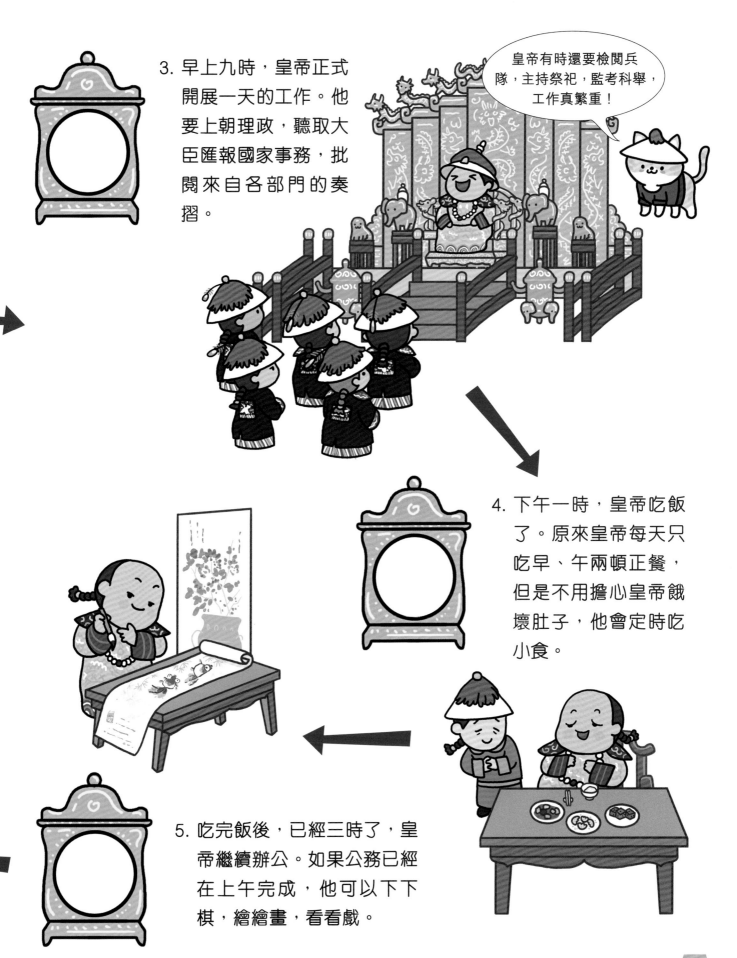

3. 早上九時，皇帝正式開展一天的工作。他要上朝理政，聽取大臣匯報國家事務，批閱來自各部門的奏摺。

皇帝有時還要檢閱兵隊，主持祭祀，監考科舉，工作真繁重！

4. 下午一時，皇帝吃飯了。原來皇帝每天只吃早、午兩頓正餐，但是不用擔心皇帝餓壞肚子，他會定時吃小食。

5. 吃完飯後，已經三時了，皇帝繼續辦公。如果公務已經在上午完成，他可以下下棋，繪繪畫，看看戲。

齊來批奏摺

皇帝用硃砂紅筆批寫奏摺，故稱為「硃批」。

古時候，各地官員會用奏摺來向皇帝報告或請安。皇帝每天需要批閱大量奏摺，有時還要加班才能完成。小團友，請你根據下面情景，幫助皇帝選出適當的奏摺內容作回覆，把代表序號填在 ☐ 內。

小提醒：
古時候的中文字是由上至下，右至左書寫的。

甲.

賀壽慶典要辦得體體面面才行！

乙.

派兵三千，加強邊境防衛。

丙.

向鄰國購入乾糧，鼓勵節約糧食。

丁.

全力救災，把居民移至安全地區。

1. 鄰國士兵進逼邊境。 ☐

2. 天災連連，摧毀房屋。 ☐

3. 皇太后大壽在即。 ☐

4. 農作物失收，糧食短缺。 ☐

辛勞的工作完結了，皇帝可以玩樂一番，例如：練習書法、鑒賞書畫和放風箏。小團友，皇帝在做這些興趣時，需要什麼用具呢？請把相應的用具貼紙，貼在皇帝的手上。

1. 寫書法

2. 鑒賞書畫

清朝的乾隆皇帝看書畫時，熱愛在上面蓋印章。只要作品有空白地方，他就會蓋印，真是有趣！

3. 放風箏

幫皇帝穿朝服

皇帝有很多衣服，最華麗的莫過於參加重大典禮和祭祀活動時穿着的朝服。請按照指示，從貼紙頁選出朝服貼紙，貼在下面的適當位置，為皇帝穿上整齊的朝服吧！

> 要先幫皇上穿上袍裙，再穿上披領，要注意順序呀！

朝服小知識：

袍裙
上半身是衣服，下半身是裙子。

披領
套在衣服外面的披肩。

朝珠
佩戴在頸上的珍珠串。

朝冠
戴在頭上，象徵權力。

朝靴
高筒鞋子。

皇帝的衣裳

除了朝服，皇帝還會穿其他服飾。這些服飾各有特色和功能，適用於不同場合。請你按照以下場景，幫助皇帝揀選合宜的衣服，畫直線把兩者連起來。

1.

常服
常服是皇帝的日常服飾，使用範圍最廣泛。

2.

行服
行服是皇帝狩獵和出巡時穿的衣服。

3.

雨服
雨服的質料防水，一般用羽毛製成。

4.

甲冑
甲冑（粵音就）的冑指帽子，行軍打仗時可保護頭部和頸項。

皇后知多少

皇后你是誰？

皇后是故宮的「女主人」，負責掌管整個後宮。

後宮妻妾分為多個級別。在清朝，皇后之下有皇貴妃、貴妃、妃、嬪、貴人、常在和答應。

在古代，皇帝可以娶很多個妻子。在眾多妻妾之中，皇后只有一個，她的地位最高。

皇后從何來？

皇后是一國之母，當然要慎重挑選。一般選皇后有三個途徑：

長輩指婚

由長輩替皇帝挑選皇后。

自由戀愛

成年的皇帝可自由選擇自己的妻子。

海選

官員定期舉辦選秀，為皇帝揀選優秀的妃嬪。

為皇后妝扮

皇后身為天下婦女的典範，必須時刻保持端莊漂亮的形象，所以她每天都會護膚和化妝，例如：整理頭髮、敷面膜和護理指甲。小團友，請發揮創意，把飾品貼紙貼在皇后的頭上，為她配襯首飾吧！

每個年代的審美標準都不一樣。在古代，婦女很喜歡盤起長長的頭髮，並配襯簪子、帽花和流蘇。

皇后的工作

皇后和皇帝一樣有很多工作。請你根據文字，把相應的貼紙貼在方框內，看看皇后在忙些什麼吧！

1. 孝敬長輩，定時向太后請安，陪她吃飯、聊天和玩樂。

2. 打理後宮，管理所有男僕和侍女。

親蠶禮
是一項重要的祭祀
典禮,每年三月舉行,
旨在鼓勵國民重視紡
織和蠶業。

籌辦親蠶禮,帶領妃嬪
祭拜蠶神,採摘桑葉,並把
桑葉拿去餵蠶。

3. 管理宮中賬簿,監管日常
開支和員工工資。

4. 安排各項節日宴會和活動。

皇子、公主知多少

我是皇子——皇帝的兒子，亦是有機會在未來繼承皇位的人。

我是公主——皇帝的女兒。在清朝，由皇后所生的女兒叫固倫公主，由妃嬪所生的女兒叫和碩公主。

皇子、公主的生活

雖然皇子和公主都是皇帝的子女，但是他們的生活截然不同。

 為了成為下一任皇帝，皇子六歲起就要到「上書房」讀書，學習漢語、數學、天文、軍事等知識。

 除了讀書之外，皇子還會跟隨軍隊實習，鍛鍊軍事能力。

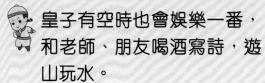
皇子有空時也會娛樂一番，和老師、朋友喝酒寫詩，遊山玩水。

皇子會和父皇商討政務，展現處理政事的才能。

公主不像皇子般上學唸書，但會向識字的女官一對一學習。

公主亦要上手工課和藝術課，學習刺繡、剪紙、書法等才藝。

公主有時需要承擔國家責任，例如：和親。皇帝有時會把公主許配給外邦或少數民族，以維持兩地的友好關係。

上書房的規則

皇子在「上書房」讀書，需遵守嚴格的規則。小團友，來看看下面的事情，哪些合乎「上書房」的規定，是皇子應該做的，請在 ☐ 內貼上 貼紙；不應該做的，請貼上 貼紙。

1. 在座位上保持腰背挺直，正襟危坐。

☐

2. 周末留在家中休息，不上課。

☐

坐姿是很重要的，能看出皇子有沒有精神。

皇子一年只有五天假期，除了元旦、萬壽節、端午節、中秋節和生日，其他日子都要上學。

3. 炎熱的夏天，在課室內撥扇乘涼。

☐

4. 做好功課，熟讀古文。

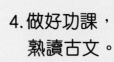

☐

為了訓練皇子的忍耐力，上課時他們不允許用扇子，連擦汗也不可以。

老師隨時會請皇子背誦四書五經等經典古文。

皇子的任務

為了挑選賢能的繼承者，皇帝會為皇子們安排一些特別任務，以評估他們各方面的能力。請你完成下面的「畫鬼腳」遊戲，看看皇子們各自需要接受什麼考驗，把皇子的名字填在橫線上。

「畫鬼腳」玩法：
跟着路線起點由上而下走，遇到橫線則沿着橫線走到隔壁的縱線，便會找到答案！

1. 籌備祭祀活動，測試與各部門協調的能力。

2. 解決少數民族叛亂問題，測試分析政事的能力。

3. 加入軍隊，領兵出征，測試軍事能耐。

小團友，公主正在上手工課，學習刺繡的技巧。請你根據下面的顏色點連線（起點為紫色點），看看公主在刺繡什麼圖案吧！

這是杏花。每年春天，故宮到處開滿這些粉白色的小花，好看極了！

這是御花園的兩棵柏樹。它們生長時纏在一起，就像夫妻之間的愛情，所以叫做「連理柏」。

公主還製作了三個剪紙。請你根據左邊的剪紙，找出紙張翻開後右邊對應的圖案，把正確的剪紙圖案圈起來。

剪紙是傳統的藝術，把紙張對摺起來，用剪刀把紙剪成左右兩邊對稱的圖案。

1.

2.

3.

宮女、太監知多少

我們是宮女，負責服務後宮妃嬪，就像現代的傭人和保姆。

我們在 13 至 17 歲進宮，一般工作 10 年，到了 25 歲就可以離開皇宮，過自己的生活。

宮女和太監負責照顧皇室的起居飲食，他們都很能幹呢！請你看看下圖中的職能是由宮女還是太監負責的，並從貼紙頁選出適當的人物貼在圖畫下的 ⬜ 內。

1. 挑水擔柴。

2. 為太后穿衣疊被。

3. 清洗主子的衣服。

小提醒：
有些職能是宮女和太監都會做的啊！

4. 貼身服侍妃嬪。

5. 管理庫房。

6. 為宮中各處打掃清潔。

 # 太醫知多少

我們是太醫，是皇宮內的醫生，在太醫院上班，專為皇帝和他的家人看病。

古代專科有哪些？

與現代的醫生一樣，太醫也會在不同專科工作，運用專業的中醫知識為病人診症。

大方脈
診治成人的疾病，相當於現代的內科。

小方脈
診治兒童的疾病，相當於現代的兒科。

傷寒科
診治傷風、感冒等疾病。

口齒科
診治口腔、牙齒疾病。

除了上述的專科外，還有眼科、痘疹科、針疹科、瘡瘍科、婦人科和咽喉科，合共11個專科。

正骨科
診治骨關節損傷。

皇帝生病了，需要太醫來看病。請你把下面圖畫的代表序號，按看病流程的正確順序填在 ☐ 內。

甲.

熬藥

太醫和太監一起煲藥，試嘗沒問題後，給皇帝服用。

乙.

開藥方

太醫按照皇帝的情況和病歷，為皇帝開藥方。

丙.

診脈

太醫為皇帝把脈，判斷皇帝身體出現什麼毛病。

丁.

傳太醫

皇帝身體不適，派人「傳太醫」。太醫帶着藥箱，去為皇帝診病。

次序： ☐ ➡ ☐ ➡ ☐ ➡ ☐

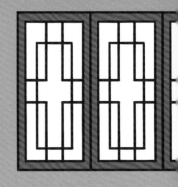

御廚知多少

御廚你是誰？

御廚是在皇宮的御膳房煮飯做菜的廚師，為宮中的人烹煮美食。皇宮有很多個御廚，他們會獲派至不同小部門工作。每個小部門負責處理的食材和製作的食物都不同。

葷局
烹煮肉類和海鮮，如：東坡肉。

飯局
烹煮粥、飯等主食，如：冰糖燕窩粥。

素局
主管蔬菜和豆製品。

點心局
製作包點、餃子和糕餅。

御廚除了需要掌握煎、炒、烤、蒸等基本的煮食技巧外，還要懂得製作不同菜系的佳餚。只要皇上想吃的，御廚全都會做！

掛爐局
烹煮燒、烤菜式，如：烤乳豬。

認識皇宮美食

皇上肚餓了，下令御廚煮了幾道美味的菜式。小團友，請看看皇帝的介紹，把相應的菜式貼紙貼在編號對應的影子上。

1. 我要吃肥雞火熏白菜！雞肉、金華火腿，配上白菜，味道鮮甜香醇。

2. 我要吃掛爐烤鴨！鴨子掛在爐邊慢慢烤熟，外皮色澤金黃，香脆可口。

3. 我要吃海參燉豬筋。這道菜雖然賣相不好看，但是對身體很有益。

4. 我要吃荷葉飯！用荷葉包裹米飯和肉餡蒸製而成，飯粒軟潤鮮味，陣陣清香。

5. 我要吃桂花糕！這種糕點晶瑩剔透，甜而不膩，是很好的飯後甜點。

1

2

3

4

5

侍衛知多少

侍衛你是誰？

侍衛是中國古代的保安員，負責保護皇帝的人身安全。他們有些是御前侍衛，隨時隨地守在皇帝身旁，有些會駐守於故宮各地，維持皇宮的治安。

侍衛除了保護皇帝和皇宮外，還肩負其他要務，會在宮內不同部門工作。

受皇上之命秘密查探，偵破案件。

在武備院管理軍用裝備。

在上駟院為宮內馬匹評級。

武藝高強的侍衛會領兵打仗。

故宮的侍衛有些從軍隊挑選出來，有些從武舉考試選拔出來，他們全都是精英中的精英！

拯救皇上

皇上在御花園被壞人抓住了。小團友，
請畫出路線，帶領侍衛走出迷宮，拯救皇上！

参考答案

第6-7頁

1.
2.
3.
4.
5.
6.

第8頁　1. 乙　2. 丁　3. 甲　4. 丙

第9頁　1. 　2. 　3.

第10頁

第11頁

第14-15頁

1.
2.
3.
4.

第18頁

1. 　2.　3.　4.

第19頁　1. 大皇子　2. 三皇子　3. 二皇子

第21頁
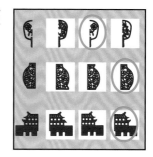

第22-23頁

1. 　2.　3.

4. 　5.　6.

第25頁　丁 → 丙 → 乙 → 甲

第27頁

第29頁

貓小兵故宮樂遊團知識遊戲書

認識宮廷人物

編　　寫：新雅編輯室
繪　　圖：李成宇
責任編輯：黃稔茵
美術設計：李成宇、劉麗萍
出　　版：新雅文化事業有限公司
　　　　　香港英皇道 499 號北角工業大廈 18 樓
　　　　　電話：(852) 2138 7998
　　　　　傳真：(852) 2597 4003
　　　　　網址：http://www.sunya.com.hk
　　　　　電郵：marketing@sunya.com.hk
發　　行：香港聯合書刊物流有限公司
　　　　　香港新界大埔汀麗路 36 號中華商務印刷大廈 3 字樓
　　　　　電話：(852) 2150 2100
　　　　　傳真：(852) 2407 3062
　　　　　電郵：info@suplogistics.com.hk
印　　刷：中華商務彩色印刷有限公司
　　　　　香港新界大埔汀麗路 36 號
版　　次：二〇二二年六月初版

ISBN: 978-962-08-8026-1
© 2022 Sun Ya Publications (HK) Ltd.
18/F, North Point Industrial Building, 499 King's Road, Hong Kong
Published in Hong Kong, China
Printed in China